TIBURONES PUNTA NEGRA

Julie K. Lundgren
Traducción de Sophia Barba-Heredia

Un libro de El Semillero de Crabtree

ÍNDICE

Apoyos de la escuela a los hogares para cuidadores y maestros

Este libro ayuda a los niños en su desarrollo al permitirles practicar la lectura. Abajo están algunas preguntas guía para ayudar al lector a fortalecer sus habilidades de comprensión. En rojo hay algunas opciones de respuesta.

Antes de leer:

- ¿De qué pienso que tratará este libro?
    - *Pienso que este libro es sobre tiburones punta negra.*
    - *Pienso que este libro es sobre dónde viven.*
- ¿Qué quiero aprender sobre este tema?
    - *Quiero aprender sobre los hábitats de los tiburones punta negra.*
    - *Quiero aprender si es seguro nadar con ellos.*

Durante la lectura:

- Me pregunto por qué...
    - *Me pregunto por qué tienen una punta negra en sus aletas.*
    - *Me pregunto por qué escuchan y ven tan bien.*
- ¿Qué he aprendido hasta ahora?
    - *Aprendí que los tiburones punta negra viven cerca de los arrecifes en los océanos.*
    - *Aprendí que los tiburones pierden dientes y les crecen nuevos durante toda su vida.*

Después de la lectura:

- ¿Qué detalles aprendí de este tema?
    - *Aprendí que los buzos pueden nadar seguros cerca de estos tiburones.*
    - *Aprendí que un arrecife es una cresta debajo del agua, poco profunda, donde muchos animales marinos viven.*
- Lee el libro de nuevo y busca las palabras del glosario.
    - *Veo la palabra **océanos** en la página 4 y la palabra **buzos** en la página 18. Las demás palabras del vocabulario están en las páginas 22 y 23.*

TIBURONES PUNTA NEGRA

Conoce a los tiburones punta negra de **arrecife**.

Viven cerca de los arrecifes en los **océanos**.

¡Son fuertes y elegantes!

DESDE LOS ARCHIVOS

El tiburón punta negra promedio crece hasta 5.5 pies (1.7 m) de largo.

¿Ves la punta negra
en lo alto de su **aleta**?

aleta

Las aletas les ayudan a tener **balance** y dirección.

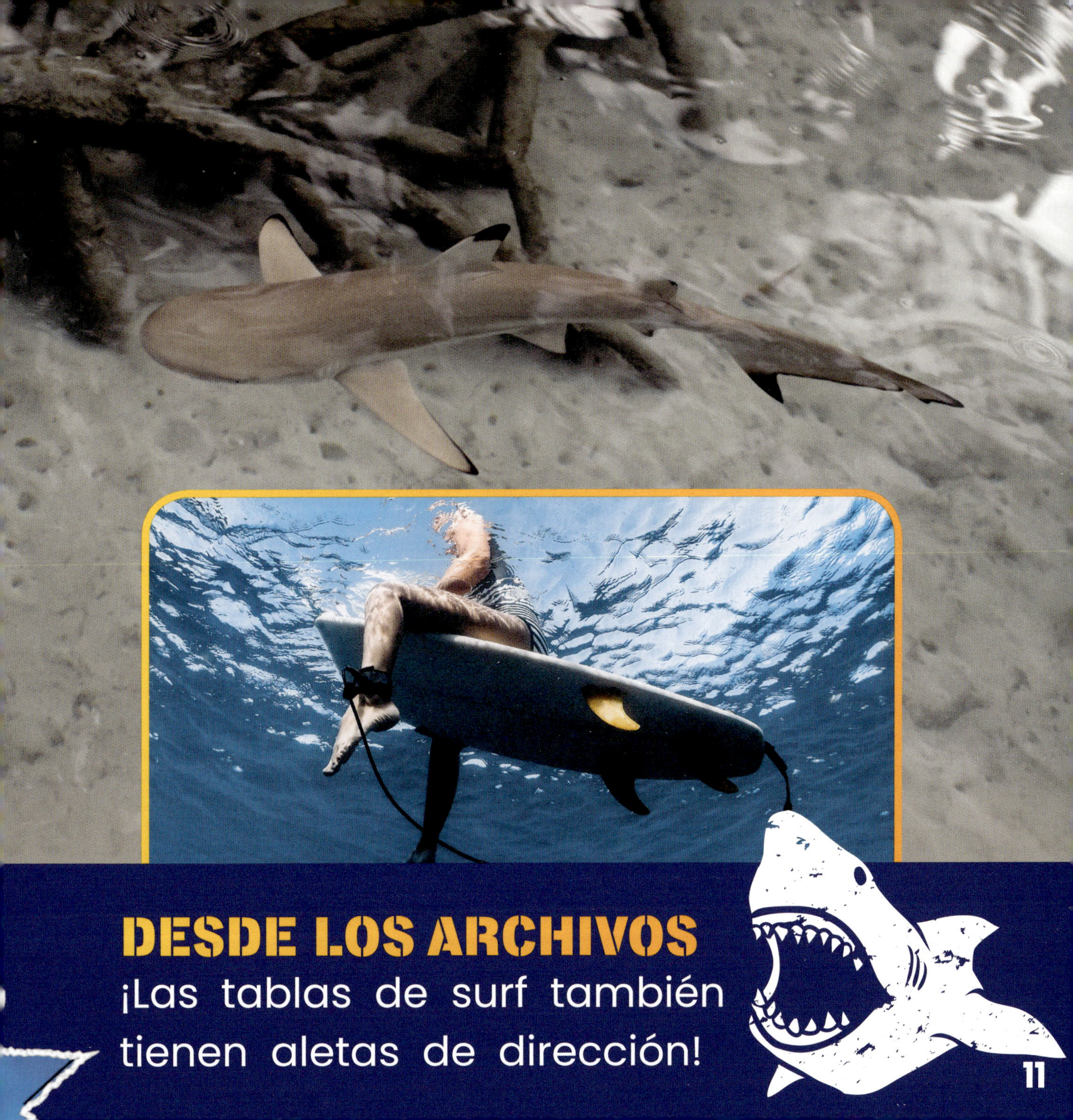

DESDE LOS ARCHIVOS

¡Las tablas de surf también tienen aletas de dirección!

Sus filosos **dientes** les ayudan a atrapar peces para comer.

DESDE LOS ARCHIVOS

Los tiburones pierden dientes y les crecen nuevos toda su vida.

Ven y escuchan bien.

Pueden nadar en grupo o solos.

Los **buzos** pueden nadar seguros cerca de estos tiburones.

¿Nadarías con tiburones punta negra?

GLOSARIO

aleta: La aleta es la parte del cuerpo del pez que le ayuda a obtener dirección y balance.

arrecife: Un arrecife es una cresta debajo del agua, poco profunda, donde viven muchos animales marinos.

balance: Tener balance es mantenerse firme y no caerse.

buzos: Los buzos son personas que visten equipo que les ayuda a respirar debajo del agua.

dientes: Los dientes son las partes blancas y huesudas dentro de la boca que sirven para morder y masticar.

océanos: Los océanos son grandes cuerpos de agua salada donde muchos animales viven.

Índice analítico

Acerca de la autora

Julie K. Lundgren

Julie K. Lundgren creció cerca del Lago Superior donde se divertía jugando en el bosque, recogiendo moras y expandiendo su colección de rocas. Sus intereses la llevaron a hacer una carrera en Biología. Vive en Minnesota con su familia.

Sitios web (páginas en inglés):

https://aqua.org/explore/exhibits/blacktip-reef

www.montereybayaquarium.org/animals/animals-a-to-z/blacktip-reef-shark

Written by: Julie K. Lundgren
Designed by: Jennifer Dydyk
Edited by: Kelli Hicks
Proofreader: Melissa Boyce
Translation to Spanish: Sophia Barba-Heredia
Spanish-language layout and proofread: Base Tres
Print and production coordinator: Katherine Berti

Photographs:
Shark illustration on cover logo © BATKA/Shutterstock; Cover photo © Ian Scott/Shutterstock, page 3 © Gino Santa Maria/Shutterstock; page 5 © Kristina Vackova/ Shutterstock; page 7 © antos777/Shutterstock, diver © Ian Scott/Shutterstock, shark illustration © Dashikka/Shutterstock; page 9 © Ian Scott/Shutterstock; page 11 © Sergey Utkin/Shutterstock, surfer © Wonderful Nature, shark illustration © Dashikka/Shutterstock; page 12 © Karel Bartik/Shutterstock; Page 13 © Mark_Kostich/Shutterstock, shark illustration © Dashikka/Shutterstock; page 15 © Yann hubert/Shutterstock; Page 17 © Tomas Kotouc/Shutterstock; page 19 © Ian Scott/Shutterstock; page 21 © Dray van Beeck/Shutterstock; page 23 reef photo © Richard Whitcombe/Shutterstock

Library and Archives Canada Cataloguing in Publication
Title: Tiburones punta negra / Julie K. Lundgren ; traducción de Sophia Barba-Heredia.
Other titles: Blacktip reef sharks. Spanish
Names: Lundgren, Julie K., author. | Barba-Heredia, Sophia, translator.
Description: Series statement: Los archivos del tiburón | Translation of: Blacktip reef sharks. | Includes index. | "Un libro de el semillero de Crabtree". | Text in Spanish.
Identifiers: Canadiana (print) 20210258624 |
Canadiana (ebook) 20210258632 |
ISBN 9781039621138 (hardcover) |
ISBN 9781039621190 (softcover) |
ISBN 9781039621251 (HTML) |
ISBN 9781039621312 (EPUB) |
ISBN 9781039621374 (read-along ebook)
Subjects: LCSH: Blacktip shark—Juvenile literature.
Classification: LCC QL638.95.C3 L8618 2022 | DDC j597.3/4—dc23

Library of Congress Cataloging-in-Publication Data
Names: Lundgren, Julie K., author.
Title: Tiburones punta negra / Julie K. Lundgren ; traducción de Sophia Barba-Heredia.
Other titles: Blacktip reef sharks. Spanish
Description: New York : Crabtree Publishing, [2022] | Series: Los archivos del tiburón - un libro el semillero de Crabtree | Includes index.
Identifiers: LCCN 2021031662 (print) |
LCCN 2021031663 (ebook) |
ISBN 9781039621138 (hardcover) |
ISBN 9781039621190 (paperback) |
ISBN 9781039621251 (ebook) |
ISBN 9781039621312 (epub) |
ISBN 9781039621374
Subjects: LCSH: Blacktip shark--Juvenile literature.
Classification: LCC QL638.95.C3 L86318 2022 (print) | LCC QL638.95.C3 (ebook) | DDC 597.3/4--dc23
LC record available at https://lccn.loc.gov/2021031662
LC ebook record available at https://lccn.loc.gov/2021031663

Crabtree Publishing Company
www.crabtreebooks.com 1-800-387-7650

In Canada: We acknowledge the financial support of the Government of Canada through the Canada Book Fund for our publishing activities.

Published in the United States
Crabtree Publishing
347 Fifth Avenue
Suite 1402-145
New York, NY, 10016

Published in Canada
Crabtree Publishing
616 Welland Ave.
St. Catharines, Ontario
L2M 5V6

Printed in the U.S.A./092021/CG20210616